BEI GRIN MACHT SICH IHR WISSEN BEZAHLT

- Wir veröffentlichen Ihre Hausarbeit,
  Bachelor- und Masterarbeit

- Ihr eigenes eBook und Buch -
  weltweit in allen wichtigen Shops

- Verdienen Sie an jedem Verkauf

Jetzt bei www.GRIN.com hochladen und kostenlos publizieren

Alexander Deml

Energiepolitische Wende. Die sinnvollsten Veränderungen und ihre Auswirkungen

GRIN Verlag

Impressum:

Copyright © 2014 GRIN Verlag GmbH
Druck und Bindung: Books on Demand GmbH, Norderstedt Germany
ISBN: 978-3-656-68171-7

Dieses Buch bei GRIN:

http://www.grin.com/de/e-book/275523/energiepolitische-wende-die-sinnvollsten-
veraenderungen-und-ihre-auswirkungen

GRIN - Your knowledge has value

Der GRIN Verlag publiziert seit 1998 wissenschaftliche Arbeiten von Studenten, Hochschullehrern und anderen Akademikern als eBook und gedrucktes Buch. Die Verlagswebsite www.grin.com ist die ideale Plattform zur Veröffentlichung von Hausarbeiten, Abschlussarbeiten, wissenschaftlichen Aufsätzen, Dissertationen und Fachbüchern.

Besuchen Sie uns im Internet:

http://www.grin.com/

http://www.facebook.com/grincom

http://www.twitter.com/grin_com

FOM Hochschule für Oekonomie & Management Essen

Standort München

Berufsbegleitender Studiengang zum

Bachelor of Business Administration

7. Semester

Seminararbeit in Energy Sector

Energiepolitische Wende – die sinnvollsten Veränderungen und

ihre Auswirkungen

München, den 31.05.2014

Inhaltsverzeichnis

Abkürzungsverzeichnis

EE	erneuerbare Energien
EEG	Erneuerbare-Energien-Gesetz
KWK	Kraft – Wärme – Kopplung

Abbildungsverzeichnis

1 Einführung

Die Energiewende ist eines der größten und wichtigsten Projekte für eine unabhängige und ressourcenschonende Energieversorgung zur zukünftigen Sicherung des Wirtschaftsstandorts Deutschland. Aber nicht nur für Deutschland, auch der Rest der Welt hat sich diesem Thema angenommen. Deutschland ist hier in einer Vorreiterrolle wie man z.B. an der Anwendung des EEG – Modells in vielen anderen Ländern sehen kann. Aufgrund der Tatsache das Deutschland hier eine Vorbildfunktion einnimmt ist es besonders wichtig das die hier getroffenen Entscheidungen und Maßnahmen zum Erfolg führen damit andere Länder dazu ermutigt werden es uns gleich zu tun und der aktuelle Wandel zu einem nachhaltigen Umweltbewusstsein verbunden mit einer Verbesserung der wirtschaftlichen Bedingungen nicht ins Stocken gerät. Die Thematik ist dabei sehr umfassend und wird durch Politik, Wirtschaft und Gesellschaft beeinflusst. Der Politik kommt eine besondere Rolle zu da die notwendige Umstrukturierung der Energieerzeugung ein maßgeblicher Erfolgsfaktor der Energiewende ist. Um einen Anreiz zum Umdenken und Handeln zu schaffen müssen die notwendigen Partner aus Wirtschaft und Gesellschaft motiviert werden. Aber auch auf internationaler Basis ist die Politik gefordert um ein einheitliches Umdenken zu initiieren, denn Umweltverschmutzung und Ressourcenverschwendung ist ein globales Problem das Deutschland alleine nicht ausschlaggebend mildern kann. Diese Arbeit soll die Entwicklungen aufzeigen die zur Einleitung der Energiewende in Deutschland geführt haben, außerdem den aktuellen Fortschritt dokumentieren aber auch einen Ausblick geben, welche Maßnahmen ergriffen werden müssen damit dieses Projekt nicht scheitert. Dazu wird zuerst die Energiewende nach deutscher Auffassung definiert und die aktuellen Maßnahmen kurz zusammengefasst. Im Anschluss daran wird die geschichtliche Entwicklung des EEG, ein wichtiger Teil der Energiewende dokumentiert. Danach wird der aktuelle Stand der Fortschritte festgehalten um die nötigen Schritte aufzuzeigen die zur Zielerreichung notwendig sind.

2   Definition der Energiewende

Die Energiewende wird in der öffentlichen Meinung meist unter dem EEG zusammengefasst. Das EEG schuf im Jahr 2000 zwar eine wichtige Grundlage ist aber nur ein Teil der Energiewende. Denn Energiewende bedeutet nicht nur die Stromerzeugung umweltfreundlicher zu gestalten sondern auch den Energieverbrauch zu senken und die Energieeffizienz zu steigern.[1] Mit dem Energiekonzept von 2010 bzw. 2011 hat die Bundesregierung festgestellt das für eine umweltschonende, zuverlässige und bezahlbare Energieversorgung ein Schlüsselfaktor die Energieeffizienz ist. Aus dem Energiekonzept lassen sich drei wesentliche Ziele ableiten. Erstens soll der Ausstoß der Treibhausemissionen bis 2050 um mindestens 80 % im Vergleich zu 1990 reduziert werden. Zweitens soll der Hauptteil der deutschen Energieversorgung aus erneuerbaren Energien gewonnen werden. Und drittens soll der Energieverbrauch im Vergleich zum Jahr 2008 bis 2050 deutlich gesenkt werden und außerdem die Energieeffizienz erhöht werden. Hier spielt zum Beispiel auch die Wärmeerzeugung eine große Rolle.[2] Laut dem Bundesministerium für Wirtschaft und Energie, kurz BMWi, gibt es fünf Ziele die mit der Energiewende erreicht werden sollen:[3] Ausstieg aus der Atomenergie, Reduzierung der Abhängigkeit von Öl- und Gasimporten, neues Wirtschaftswachstum durch neue Technologien und die damit verbundene Schaffung von Arbeitsplätzen, Verbesserung des Klimaschutzes und Nachahmer im internationalen Umfeld finden. Diese Ziele sollen mithilfe des EEG, dem Netzausbau der Stromnetze bzw. deren Renovierung, der Schaffung von Netzstabilität durch flexible konventionelle Kraftwerke, der Steigerung der Energieeffizienz und der Förderung von Energieforschung erreicht werden.[4] Aufgrund der umfangreichen vielfältigen Themenbereiche folgt ein kleiner Abriss zu den bisher initiierten Maßnahmen.

---

[1] Vgl. http://www.bmwi.de/DE/Themen/Energie/Energiewende/energiewende-zum-erfolg-fuehren.html; abgerufen am 29.05.2014

[2] Vgl. http://www.bmwi.de/BMWi/Redaktion/PDF/E/eckpunkte-energieeffizienz,property=pdf,bereich=bmwi2012,sprache=de,rwb=true.pdf; abgerufen am 29.05.2014

[3] Vgl. http://www.bmwi.de/DE/Themen/Energie/Energiewende/energiewende-zum-erfolg-fuehren.html; abgerufen am 29.05.2014

[4] Vgl. ebd.

2.1 EEG 2014

Das EEG regelt die Abnahmeverpflichtung und die Vergütung zur Förderung für erzeugten Strom aus Wasserkraft, Windenergie, solare Strahlungsenergie, Geothermie sowie Energie aus Biomasse, den sogenannten erneuerbaren Energien. Dabei wird der erzeugte und eingespeiste Strom für 20 Jahre garantiert Vergütet und muss vorrangig in das Netz eingespeist werden, wobei die Vergütungssätze von Jahr zu Jahr sinken um so einen Anreiz zur Kosteneffizienz und Marktintegration zu setzen. Bei der aktuellen Novellierung des EEG wurde eine Energiebereitstellung aus erneuerbaren Ressourcen bis 2025 mit einem Anteil von 40 – 45 Prozent, bis 2035 mit 55 – 60 Prozent und bis 2050 mit 80 Prozent am Bruttostromverbrauch festgelegt.[5] Zudem wurden Ausbaukorridore festgelegt um die Förderung auf die kostengünstigsten Technologien zu konzentrieren und die energiepolitischen Ziele zu steuern. Zusätzlich wurden die Förderungen bei Photovoltaik – Freiflächenanlagen auf ein neues Ausschreibungsmodell umgestellt, welches ab 2017 für alle Technologien des EEG umgesetzt werden soll, um so ein marktgerechte Förderung zu erreichen.[6] Zudem wurden die Einspeisevergütungen von durchschnittlich 17 Cent/kWh auf 12 Cent/kWh gekürzt, wodurch eine Entlastung der EEG – Umlage bewirkt werden soll.[7] Außerdem sollen die Ausnahmeregelungen für stromintensive Unternehmen, also die teilweise Befreiung von der EEG – Umlage, neu überdacht werden und es wird zukünftig auch die bisher befreite Eigenstromerzeugung von der EEG – Umlage betroffen sein.[8] Um die Marktintegration der erneuerbaren Energien weiter voranzutreiben wurde für alle Neuanlagen ab einer installierten Leistung von 500 kW eine Direktvermarktungspflicht eingeführt die in den Folgejahren weiter ausgebaut wird.[9] Die Änderungen des EEG sollen zum 01. August 2014 in Kraft treten, müssen aber noch verabschiedet werden.

---

[5] Vgl. http://www.bmwi.de/BMWi/Redaktion/PDF/Gesetz/entwurf-eines-gesetzes-zur-grundlegenden-reform-des-erneuerbare-energien-gesetzes-und-zur-aenderung-weiterer-bestimmungen-des-energiewirtschaftsrechts,property=pdf,bereich=bmwi2012,sprache=de,rwb=true.pdf ; abgerufen am 29.05.2014

[6] Vgl. ebd

[7] Vgl. ebd

[8] Vgl. ebd

[9] Vgl. ebd

2.2 Netzausbau

Aufgrund der volatilen Stromerzeugung der erneuerbaren Energien und der damit verbunden Trennung von Stromerzeugungs- und -verbrauchsschwerpunkten, aber auch
durch den EU-weiten liberalisierten Stromhandel sieht die Bundesregierung die Not-
wendigkeit im Rahmen der Energiewende den Netzausbau zu beschleunigen um so die
Versorgungssicherheit zu gewährleisten.[10] Neben den regionalen Verteilernetzen (Nie-
derspannung) sind im wesentlichem in Deutschland dafür vier Netzbetreiber verantwortlich. Die im Energiewirtschaftsgesetz festgeschrieben Pflichten der Netzbetreiber
sind die Befriedung der Nachfrage nach Strom und die Schaffung von Versorgungssicherheit durch zuverlässige Netze.[11] Aufgrund der bereits beschriebenen Herausforde-
rung an die Stromnetze aber auch durch die notwendigen erheblichen Investitionen für
deren Ausbau und Modernisierung sind weitere Rahmenbedingungen notwendig.[12] Die
Bundesregierungen hat deshalb das Energieleitungsausbaugesetz sowie das Netzaus-
baubeschleunigungsgesetz auf den Weg gebracht dass den Bau von wichtigen Stromlei-
tungen beschleunigen soll.[13] Außerdem wurden Forschungsgelder für drei Jahre (2011 –
2014) mit einem Volumen von rund 3,5 Mrd. Euro im Rahmen des Energieforschungs-
programms zu Verfügung gestellt um so technologische Potenziale in diesem Bereich
zu fördern.[14] In diesem Zusammenhang werden auch die sogenannten „Smart - Grids"
zur effizienten und intelligenten Nutzung von Netz, Erzeugung und Last gefördert. Zusätzlich werden im Bundesbedarfsplangesetz die dringlichen Ausbauvorhaben im Über-
tragungsnetz geregelt.[15]

2.3 Flexible konventionelle Kraftwerke

Ein weiterer Punkt der Energiewende ist die Nutzung flexibler konventioneller Kraftwerke zur Sicherung der Netzstabilität. Die Verpflichtung zur Netzstabilität ergibt sich
aus dem Energiewirtschaftsgesetz das laut § 1 eine sichere, preisgünstige, verbraucher-

---

[10] Vgl. http://www.bmwi.de/DE/Themen/Energie/Energiewende/energiewende-zum-erfolg-fuehren.html;
abgerufen am 29.05.2014

[11] Vgl. ebd.

[12] Vgl. ebd.

[13] Vgl. ebd.

[14] Vgl. ebd.

[15] Vgl. ebd.

freundliche, effiziente und umweltverträgliche Versorgung der Allgemeinheit mit Elektrizität und Gas, zunehmend aus erneuerbaren Energien fordert. Laut § 12 Energiewirtschaftsgesetz sind dafür die Übertragungsnetzbetreiber verantwortlich. Aufgrund der größtenteils schwankenden Energieerzeugung der Erneuerbaren und der fehlenden Speichermöglichkeit von Strom sind zur Sicherung der Netzstabilität flexibel steuerbare konventionelle Kraftwerke notwendig.[16] Wegen der beschlossenen Abschaltung der Atomkraftwerke in Deutschland bis 2022 kommen hierfür momentan nur noch Braun-, Steinkohle- und Gaskraftwerke in Frage, wobei allerdings nur moderner Gaskraftwerke als flexibel bezeichnet werden können. Um die Versorgungssicherheit zu überwachen erstellt das BMWi alle 2 Jahre einen sogenannten Monitoring – Bericht in dem die bestehende Versorgungslage und deren Entwicklung analysiert wird. Die Kernaussage des Berichts ist ob die Energieversorger bzw. Netzbetreiber ausreichend Vorsorgemaßnahmen ergreifen um die Versorgungssicherheit heute und in Zukunft zu gewährleisten.[17] Als zusätzliches Überwachungsinstrument der Versorgungssicherheit wurde die Leistungsbilanz verpflichtend eingeführt. Die Übertragungsnetzbetreiber müssen jährlich seit dem Jahr 2011 nach § 12 Energiewirtschaftsgesetz eine Leistungsbilanz aufstellen und dem BMWi vorlegen. Bei diesem Bericht wird die gesicherte Erzeugungsleistung dem höchsten Strombedarf eines Jahres gegenübergestellt und so ermittelt ob die Nachfrage jederzeit gedeckt werden konnte. Anhand von Hochrechnungen kann so auch eine Aussage für die Zukunft getroffen werden.[18] Außerdem wurde im Rahmen der Novellierung des Energiewirtschaftsgesetzes beschlossen das die Stilllegung von Kraftwerken mind. 12 Monate im voraus angezeigt werden muss, systemrelevante Kraftwerke gegen Kostenerstattung weiter betrieben werden können, Gaskraftwerke bei Versorgungsengpässen zugeschaltet werden müssen und zusätzlich Reservekapazitäten kurzfristig beschafft werden können.[19]

---

[16] Vgl. http://www.bmwi.de/DE/Themen/Energie/Energiewende/energiewende-zum-erfolg-fuehren.html; abgerufen am 29.05.2014

[17] Vgl. ebd.

[18] Vgl. ebd.

[19] Vgl. ebd.

2.4 Energieeffizienz

Im Bereich der Energieeffizienz gibt es seitens der Bundesregierung diverse Gesetze und Maßnahmen. Im Wesentlichen existiert ein breites Angebot für Energieberatungen, Förderprogramme für effiziente Querschnittstechnologien und Effizienzsteigerungen, diverse zinsgünstige Finanzierungsmöglichkeiten über die KfW, das Gebäudesanierungsprogramm für private Haushalte um eine energetische Gebäudesanierung zu erleichtern sowie diverse Label- und Kennzeichnungspflichten für bestimmte Produktgruppen.[20] Eine der wichtigsten Maßnahmen zur Energieeffizienzsteigerung momentan ist das Kraft-Wärme-Kopplungsgesetz, das Anfang 2000 in Kraft getreten ist und seitdem mehrmals novelliert wurde. Ähnlich wie beim EEG wird der produzierte Strom vergütet und vorrangig in das Netz eingespeist. Bis zum Jahr 2020 soll so ein Anteil von 25 % an der Stromerzeugung generiert werden.[21] Bei KWK – Anlagen besteht der große Vorteil dass die erzeugte Abwärme bei der Stromgewinnung gleichzeitig auch zur Wärmeversorgung nutzbar gemacht wird und so der Wirkungsgrad einer Anlage steigt. Das Prinzip funktioniert auch umgekehrt und kann mit den unterschiedlichsten Antriebstechniken umgesetzt werden.

2.5 Forschung und Entwicklung

Über das Energieforschungsprogramm werden die Fördermechanismen der Bundesregierung für innovative Energietechnologien mehrjährig festgelegt.[22] Die Schwerpunkte der Förderprogramme liegen bei der Energieeffizienz, den erneuerbare Energien, der Netztechnik und den Energiespeichern mit einem Volumen von ca. 3,5 Mrd. Euro im Zeitraum von 2011 – 2014.[23] Zusätzlich wird auch die Zusammenarbeit im Euroraum bei der Energieforschung gefördert und koordiniert.[24]

---

[20] Vgl. http://www.bmwi.de/DE/Themen/Energie/Energiewende/energiewende-zum-erfolg-fuehren.html; abgerufen am 29.05.2014

[21] Vgl. ebd.

[22] Vgl. ebd.

[23] Vgl. ebd.

[24] Vgl. ebd.

Kurz zusammengefasst kann die Energiewende als ein Bündel von Maßnahmen zur Umstellung der Energieerzeugung auf erneuerbaren Energien unter Gewährleistung der Versorgungssicherheit und der Effizientsteigerung bei Verbrauch und Produktion von Energie mit dem Ziel der Reduktion von Treibhausemissionen zum Schutz unserer Umwelt und zur Steigerung unserer Wirtschaftskraft definiert werden.

3 Geschichtliche Entwicklung des EEG

Das EEG ist eine der wichtigsten Rahmenbedingung der Energiewende. Es hat seit seiner Einführung im Jahr 2000 maßgeblich dazu beigetragen das in Deutschland ein konsequenter Ausbau der erneuerbaren Energie stattgefunden hat. Stand 2012 beträgt der Anteil der erneuerbaren Energien an der Nettostromerzeugung rund 24%, im Jahr 2002 waren es noch knapp 8%.

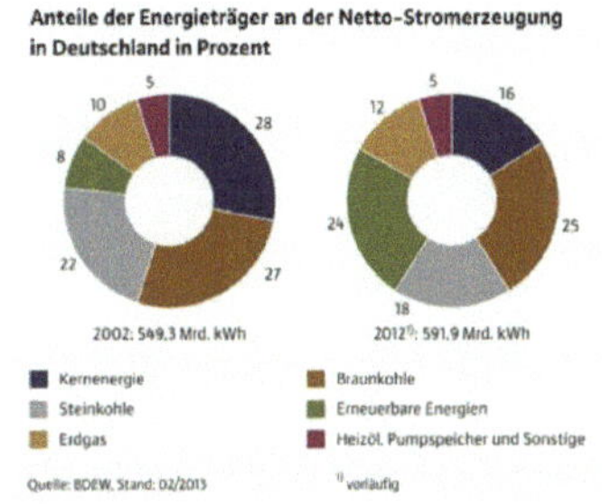

Abbildung 1: Quelle: Entnommen aus: www.bdew.de, Anteil der Energieträger an der Netto-Stromerzeugung in Deutschland in Prozent; Abruf am 30.05.2014

Dies hat dazu beigetragen das Energieerzeugung umweltfreundlicher geworden ist und hat außerdem dazu geführt das die Kosten für die Stromerzeugung aus erneuerbaren Energien gesunken sind.[25]

---

[25] Vgl. http://www.ise.fraunhofer.de/de/veroeffentlichungen/veroeffentlichungen-pdf-dateien/studien-und-konzeptpapiere/studie-stromgestehungskosten-erneuerbare-energien.pdf; abgerufen am 30.05.2014

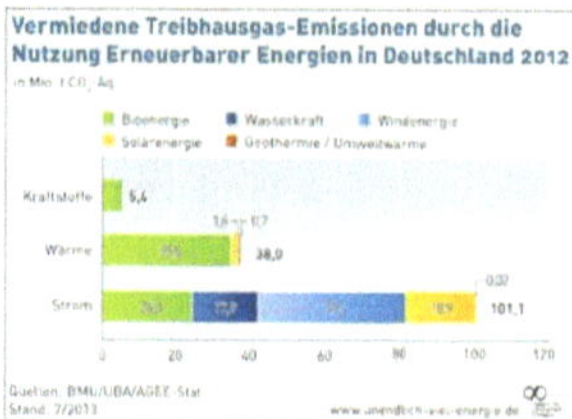

Abbildung 2: Quelle: Entnommen aus: www.unendlich-viel-energie.de, Vermiedene Treibhausgas - Emissionen durch die Nutzung Erneuerbarer Energie in Deutschland 2012; Abruf am 30.05.2014

Erneuerbare Energien haben inzwischen auch für die gesamte wirtschaftliche und technische Entwicklung eine große Bedeutung.[26] Dies wird verdeutlicht durch die Schaffung von neunen Arbeitsplätzen, Steigerung der Wirtschaftsleistung sowie Technologieentwicklungen die auf effiziente Energienutzung und Innovationen ausgerichtet sind.[27] Jedoch war es ein langer Weg bis zur Einführung des Gesetzes.

Abbildung 3: Quelle: Entnommen aus: www.unendlich-viel-energie.de, Entwicklung der Arbeitsplätze im Bereich der Erneuerbaren Energien in Deutschland; Abruf am 30.05.2014

3.1 1970 - 1990

Die Idee der Energieerzeugung aus erneuerbaren Energien war nicht neu. So wurde bereits Anfang des 20 Jahrhunderts Strom für die Landwirtschaft in Norddeutschland aus Windenergie und Strom aus Wasserkraft im Süden Deutschlands für Industriebetriebe genutzt, ein wichtiger Faktor auf dem Weg zur Industrialisierung Deutschlands. Jedoch

---

[26] Vgl. Bruns, E.; Olhorst, D.; Wenzel, B.; Köppel, J. (2009), S.17

[27] Vgl. Bruns, E.; Olhorst, D.; Wenzel, B.; Köppel, J. (2009), S.17

wurde die Entwicklung dieser Technologien durch den 2. Weltkrieg und durch billige Rohölpreise nie flächendeckend umgesetzt. Die Grundlage zum Umdenken hin zu einer umweltfreundlichen Energieversorgung entstand in den 70er Jahren.[28] Bereits 1971 verabschiedete die damalige Bundesregierung unter Willy Brandt ein erstes Umweltprogramm das der Verschmutzung der Umwelt durch die Industrie Einhalt gebieten sollte.[29] Die Ölkrisen im Jahr 1973 und 1979 machte den Industriestaaten ihre Abhängigkeit von fossiler Energie bewusst, vor allem Deutschland das über keine eigenen Öloder Gasreserven verfügte.[30] In folge dessen gab es in Deutschland flächendeckend mehrere Maßnahmen zur Einsparung von Energie wie z.B. autofreie Sonntage, Geschwindigkeitsbegrenzungen auf Autobahnen, auch die Einführung der Sommerzeit lässt sich darauf zurückführen. Allerdings handelte es sich hier größtenteils um kurzfristige Maßnahmen die aufgrund der schnellen Entspannung der Ölkrisen schnell wieder verworfen wurden. Nichts desto trotz stieg das öffentliche Interesse für alternative Energieträger, wie z. B. Pflanzenöl oder Biodiesel, aber auch für regenerative Energiequellen, Wärmedämmung und Effizienzsteigerungen waren ebenfalls von großer Bedeutung.[31] In Bezug auf die Ölkrise 1973 wurde 1974 das „Rahmenprogramm Energieforschung" vom Bundesministerium für Bildung und Wissenschaft ins Leben gerufen.[32] Dieses Förderprogramm stellt die erste staatliche Förderung von nicht nuklearer Energieforschung in Deutschland dar. Das Programm wurde 1977 durch das „Erste Programm Energieforschung" fortgesetzt mit dem Hauptaugenmerk auf Versorgungssicherheit, allerdings konzentrierten sich die Fördergelder hier hauptsächlich auf die nukleare Forschung und nicht wie angedacht auf die erneuerbaren Energien.[33] Es gab aber auch Forschungen im Bereich der Erneuerbaren die sich stark auf die Energiegewinnung aus Wasserstoff beschränkten.[34] Nichts desto trotz schaffte es ein Bewusstsein in der Bevölkerung für erneuerbare Energien da über die Möglichkeiten des Wasserstoffs in der Öffentlichkeit diskutiert wurde. Es wurde so ein Grundstein für weitere For-

---

[28] Vgl. Bruns, E.; Olhorst, D.; Wenzel, B.; Köppel, J. (2009), S.53 ff.

[29] Vgl. Bruns, E.; Olhorst, D.; Wenzel, B.; Köppel, J. (2009), S.54

[30] Vgl. Bruns, E.; Olhorst, D.; Wenzel, B.; Köppel, J. (2009), S.56

[31] Vgl. Bruns, E.; Olhorst, D.; Wenzel, B.; Köppel, J. (2009), S.53 ff.

[32] Vgl. Bruns, E.; Olhorst, D.; Wenzel, B.; Köppel, J. (2009), S.93

[33] Vgl. Bruns, E.; Olhorst, D.; Wenzel, B.; Köppel, J. (2009), S.93 ff.

[34] Vgl. Bruns, E.; Olhorst, D.; Wenzel, B.; Köppel, J. (2009), S.93 ff.

schungs- und Förderprogramme gelegt die sich mit den erneuerbaren Energien beschäf-tigten.[35] Aus dem öffentlichen Interesse heraus, aber auch aus den Ergebnissen der ers-ten Weltklimakonferenz in Genf 1979 bildeten sich zahlreiche Bürger- und Umweltini-tiativen, unter anderem der Bundesverband Bürgerinitiative Deutschland mit bis zu 600 Untergruppen, woraus sich wiederum 1980 die Partei „Die Grünen" bildete, die bereits 1983 in den Bundestag einzog und die Umweltpolitik maßgeblich beeinflusste.[36] Die steigende Abneigung der Bevölkerung gegenüber der Kernenergie, beginnend in den 70er Jahren ausgedrückt durch mehrere Protestbewegungen wie z. B. die Bauplatzbeset-zung 1975 des geplanten Atomkraftwerks Wyhl, lösten eine Welle von weiteren Pro-testbewegungen aus.[37] Die Proteste gegen die Kernenergie fanden letztlich mit den Reaktorunfällen in Harrisburg/USA 1979 und 1986 in Tschernobyl/Ukraine breiten An-klang in der restlichen Bevölkerung.[38] Die Gesellschaft forderte die Politik aufgrund des Tschernobylzwischenfalls dazu auf sich von der Kernenergie abzuwenden und verstärkt auf alternative Energieträger zu setzen.[39] Verstärkt wurde das Interesse für erneuerbare Energien unter anderem auch durch den Brundtland – Bericht der 1987 von den Verein-ten Nationen veröffentlicht wurde und den Begriff einer „Nachhaltigen Entwicklung" maßgeblich beeinflusste aber auch einen internationalen Rahmen zum Schutz des Kli-mas forderte.[40] Der Bericht wird als auslösender Faktor für die Klimakonferenz in Rio 1992 aufgeführt.[41] Die Klimakonferenz in Rio wird als erster Meilenstein für den inter-nationalen Umweltschutz betrachtet, auf die viele weitere Konferenzen folgen sollten auf denen sich die Industriestaaten zu weiteren Umweltschutzmaßnahmen verpflichte-ten. Ebenfalls entscheidend für eine Umsetzung der erneuerbaren Energien in Deutsch-land war die Enquête – Kommission die 1987 vom Deutschen Bundestag einberufen wurde.[42] Unter dem Titel „Vorsorge zum Schutz der Erdatmosphäre" etablierte sich

---

[35] Vgl. Bruns, E.; Olhorst, D.; Wenzel, B.; Köppel, J. (2009), S.93 ff.

[36] Vgl. Bruns, E.; Olhorst, D.; Wenzel, B.; Köppel, J. (2009), S.53 ff.

[37] Vgl. Bruns, E.; Olhorst, D.; Wenzel, B.; Köppel, J. (2009), S.57 ff.

[38] Vgl. Bruns, E.; Olhorst, D.; Wenzel, B.; Köppel, J. (2009), S.57 ff.

[39] Vgl. Bruns, E.; Olhorst, D.; Wenzel, B.; Köppel, J. (2009), S.54

[40] Vgl. Bruns, E.; Olhorst, D.; Wenzel, B.; Köppel, J. (2009), S.54

[41] Vgl. Bruns, E.; Olhorst, D.; Wenzel, B.; Köppel, J. (2009), S.54

[42] Vgl. Bruns, E.; Ölhorst, D.; Wenzel, B.; Köppel, J. (2009), S.84

Klimawandel als politisches Handlungsfeld.[43] Zwar war das ansinnen der damaligen Bundesregierung unter Leitung der CDU das die Kernkraft im Rahmen des Klimaschutzes vorangetrieben werden müsse, jedoch wurde dies durch vehemente Proteste der Grünen und SPD verhindert und man verständigte sich auf einen Klimaschutz ohne Kernenergie.[44] Die Energieerzeugung bis Ende der 80er Jahre wurde maßgeblich von den 4 großen Energieversorgern gesteuert und setzte sich hauptsächlich aus Kohle-, Steinkohle- und Atomkraftwerken zusammen.[45] Aufgrund der sich abzeichnenden Liberalisierung des Strommarktes, angestoßen durch die EU, hatten die Energieversorger auch kein großes Interesse daran die bis dahin noch teuren erneuerbaren Energien zu fördern, da sie sich negativ auf den Strompreis ausgewirkt hätten und man die öffentliche Diskussion vermeiden wollte.[46] Die Wasserkraft war bis dato die einzig nennenswerte erneuerbare Energiequelle die 1990 ca. 4 % zur Stromerzeugung beitrug.[47] Ende der 80er Jahre waren vor allem die Wasserkraftwerksbetreiber und die Windenergiepioniere verantwortlich für die weitere Entwicklung der erneuerbaren Energien.[48] Aufgrund der damals sehr geringen Vergütung für den erzeugten Strom aus Wasserkraft fühlten sich die Wasserkraftwerksbetreiber von den Energieversorgern benachteiligt. Durch gescheiterte bzw. nicht zufriedenstellende Verhandlungen mit den Energieversorgern über die Vergütungen stießen Sie den Prozess, in Zusammenarbeit mit Windenergieunterstützern, der Einleitung einer staatlichen Regelung an.[49]

3.2 1990 – 2010

Anfang der 90er Jahre begann nicht nur aus Sicht der erneuerbaren Energien ein neues Zeitalter für Deutschland. Bis zu diesem Zeitpunkt gab es neben der Wasserkraft nur kleinere Forschungsanlagen für erneuerbare Energien, wie z.B. die Windkraftanlage GROWIAN die allerdings aufgrund von technischen Schwierigkeiten wieder eingestellte werden musste. Diese Forschungsanlagen wurden mit Fördergeldern unterstützt, je-

---

[43] Vgl. Bruns, E.; Olhorst, D.; Wenzel, B.; Köppel, J. (2009), S.54

[44] Vgl. Bruns, E.; Olhorst, D.; Wenzel, B.; Köppel, J. (2009), S.54

[45] Vgl. Bruns, E.; Olhorst, D.; Wenzel, B.; Köppel, J. (2009), S.112

[46] Vgl. http://www.udo-leuschner.de/energie-chronik/hframe.htm; abgerufen am 29.05.2014

[47] Vgl. http://www.udo-leuschner.de/energie-chronik/hframe.htm; abgerufen am 29.05.2014

[48] Vgl. http://www.udo-leuschner.de/energie-chronik/hframe.htm; abgerufen am 29.05.2014

[49] Vgl. http://www.udo-leuschner.de/energie-chronik/hframe.htm; abgerufen am 29.05.2014

doch waren die Dimensionen eher klein gehalten worden obwohl sie teils erfolgreich Strom produzierten.[50] Am 01.01.1991 wurde dann erstmalig ein Gesetz auf Bundesebene zur vorrangigen Einspeisung von Strom aus erneuerbaren Energien mit gleichzeitig garantierter Vergütung für Anlagen bis 5 Megawatt eingeführt. Das Stromeinspeisegesetz sah eine Vergütung für den eingespeisten Strom aus Wasserkraft, Klär-, Deponie- und Biogas, Sonnenenergie und Windkraft als Anteil des vor zwei Jahren erzielten Durchschnittserlöses für Strom vor.[51] Die Einführung des Gesetzes fiel aufgrund der Wiedervereinigung Deutschlands sowohl politisch als auch wirtschaftlich in eine turbulente Zeit. Mehrfach wäre der Gesetzesentwurf aufgrund der damaligen großen Debatten im Bundestag zur Wiedervereinigung von der Tagesordnung gestrichen worden.[52] Dank eines fraktionsübergreifenden Einsatzes sowie mehrerer Verbänden aus dem erneuerbaren Energienbereich kam es am 07.12.1990 zur Verabschiedung des Gesetzentwurfes.[53] Das dem Stromeinspeisegesetz seitens der großen Energieversorger keine größere Beachtung geschenkt wurde ist auf die großen Anstrengungen zur Übernahme der ostdeutschen Stromwirtschaft und einer gleichzeitigen Unterschätzung der Tragweite zurückzuführen.[54] Das selbst Teile der Regierung dieses Gesetz unterschätz hatten zeigt vor allem die Auffassung des Bundeswirtschaftsministerium „ein Subventionsgesetz passe nicht in die politische Landschaft"[55]. Aufgrund der zu geringen Vergütungssätze für einen wirtschaftlichen Betrieb der EE - Anlagen kam es unter Widerwillen des Bundeswirtschaftsministeriums 1994 zu einer Novellierung.[56] Mit Unterstützung der damaligen Umweltministerin Angela Merkel sowie diversen anderen abgeordneten und Vertretern aus Verbänden der erneuerbaren Energien konnte so eine Anpassung der Vergütungssätze bewirkt werden.[57] Nach Abschluss der Verhandlungen der großen Energieversorger über die ostdeutschen Stromnetze, bekämpften diese das Gesetz im Zeitraum von 1995 – 1997 mit der Begründung dass es nicht marktgerecht und außer-

---

[50] Vgl. http://www.udo-leuschner.de/energie-chronik/hframe.htm; abgerufen am 29.05.2014

[51] Vgl. Bruns, E.; Olhorst, D.; Wenzel, B.; Köppel, J. (2009), S.99

[52] Vgl. Bruns, E.; Olhorst, D.; Wenzel, B.; Köppel, J. (2009), S.98

[53] Vgl. Bruns, E.; Olhorst, D.; Wenzel, B.; Köppel, J. (2009), S.98

[54] Vgl. Bruns, E.; Olhorst, D.; Wenzel, B.; Köppel, J. (2009), S.99

[55] Bruns, E.; Olhorst, D.; Wenzel, B.; Köppel, J. (2009), S.99

[56] Vgl. Bruns, E.; Olhorst, D.; Wenzel, B.; Köppel, J. (2009), S.100

[57] Vgl. ebd.

dem nicht verfassungskonform sei.[58] Die Verfassungswidrigkeit sahen die Energieversorger aufgrund einer Entscheidung des Bundesverfassungsgerichts, dass die Subventionierung der Kohleindustrie nicht grundgesetzkonform sei.[59] Die Energieversorger kürzten teilweise die gesetzlich gesicherten Vergütungen für den eingespeisten Strom aus Erneuerbaren aufgrund der laufenden Gerichtsverfahren, dies stieß jedoch in der Öffentlichkeit und der Politik auf Kritik. Der Kartellsenat des Bundesgerichtshofs urteilte letztlich 1996 dass das Stromeinspeisegesetz nicht gegen die Verfassung verstößt.[60] Auch weitere klagen der Energieversorger beim Europäischen Gerichtshof, sowie diverse andere Gerichtsverfahren auf Bundes- und Landesebene blieben erfolglos.[61] Die großen Anstrengungen der Energieversorger gegen das Gesetz vorzugehen zeigte dessen Wirkung auf die Stromindustrie. Trotz der Widerstände wurde 1998, noch bevor es zu einem Regierungswechsel kam, das Stromeinspeisegesetz zum dritten Mal novelliert. Die wesentliche Neuerung war ein sogenannter 5 % Deckel, der die Netzbetreiber mit hohen Einspeiseanteilen aus erneuerbaren Energien vor einer übermäßigen Belastung schützen sollte. Die restlichen Änderungen bezogen sich hauptsächlich auf Klarstellungen und Ergänzungen.[62] Ende 1998 bildete sich die Rot – Grüne – Bundesregierung nach deren Ansicht die bestehenden Vergütungssätze aus dem Stromeinspeisegesetz nicht mehr ausreichten um die gesetzten Umweltschutzziele zu erreichen. Unter großen Anstrengungen des Bundesumweltministeriums und des Referats Erneuerbare Energien wurden die Vorbereitungen für ein neues Gesetz zur Förderung der erneuerbaren Energie vorangetrieben.[63] Jedoch wurde das Vorhaben vom Bundeswirtschaftsministerium blockiert und so musste der Bundestag einen Gesetzesentwurf erarbeiten.[64] Treibende Kräfte waren hier die Grünen mit Unterstützung der SPD die ein abschwächen der Branche verhindern wollten.[65] Am 01.04.2000 trat das EEG2000 in Kraft und löste das Stromeinspeisegesetz ab. Wesentliche Änderungen waren die festen Vergü-

---

[58] Vgl. ebd.

[59] Vgl. http://www.udo-leuschner.de/energie-chronik/hframe.htm; abgerufen am 30.05.2014

[60] Vgl. Bruns, E.; Olhorst, D.; Wenzel, B.; Köppel, J. (2009), S.100

[61] Vgl. Bruns, E.; Olhorst, D.; Wenzel, B.; Köppel, J. (2009), S.101

[62] Vgl. ebd.

[63] Vgl. Bruns, E.; Olhorst, D.; Wenzel, B.; Köppel, J. (2009), S.102

[64] Vgl. Bruns, E.; Olhorst, D.; Wenzel, B.; Köppel, J. (2009), S.102

[65] Vgl. Bruns, E.; Olhorst, D.; Wenzel, B.; Köppel, J. (2009), S.102

tungssätze, die nicht mehr von den Strompreisen abhingen, eine festgelegte 20 jährige Vergütung, die Aufteilung der Vergütungssätze nach Erzeugungsart und Anlagengröße sowie die Verankerung der Geothermie als erneuerbare Energie. Durch die langfristig festgelegte gesicherte Vergütung stieg die Investitionsbereitschaft, welche maßgeblich zum Erfolg des Gesetzes beitrug.[66]

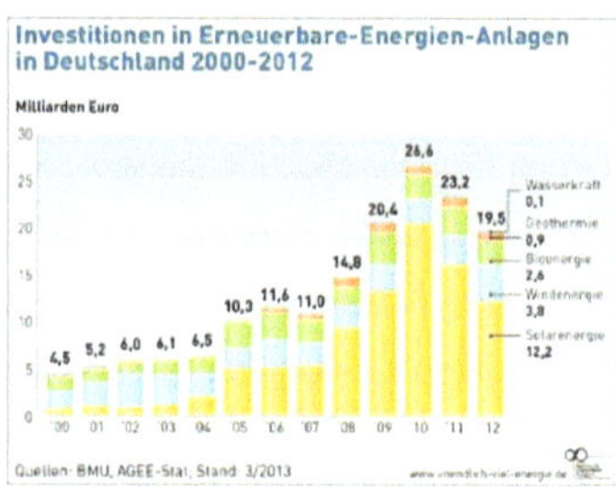

Abbildung 4: Quelle: Entnommen aus: www.unendlich-viel-energie.de, Investitionen in Erneuebare-Energien-Anlagen in Deutschaland 2000-2012; Abruf am 30.05.2014

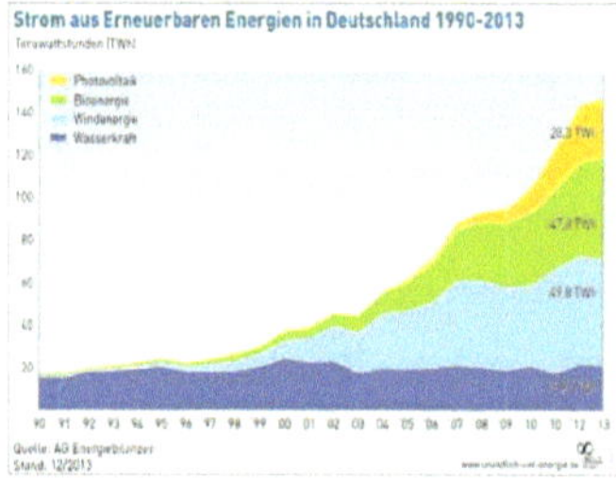

Abbildung 5: Quelle: Entnommen aus: www.unendlich-viel-energie.de, Strom aus Erneuerbaren Energien in Deutschaland 1990-2013; Abruf am 30.05.2014

Das Gesetz ermöglichte es sogar den großen Energieversorger von der Einspeisevergütung zu profitieren, jedoch hielten sich diese zurück.[67] Zur Unterstützung der stromintensiven Industrie wurde bereits im EEG2000 die viel diskutierte Ausgleichsregelungen verankert, die diese Unternehmen vor erhöhten Strompreisen durch die EEG – Umlage schützen sollte.[68] Unmittelbar nach der Bundestagswahl 2002, die zu einer Wiederwahl der Rot – Grünen – Regierung führte, wurde die Ressortzuständigkeit für erneuerbare Energien vom Bundeswirtschaftsministerium auf das Bundesumweltministerium über-

---

[66] Vgl. Bruns, E.; Olhorst, D.; Wenzel, B.; Köppel, J. (2009), S.102

[67] Vgl. Bruns, E.; Olhorst, D.; Wenzel, B.; Köppel, J. (2009), S.102

[68] Vgl. Bruns, E.; Olhorst, D.; Wenzel, B.; Köppel, J. (2009), S.103

tragen. Das Bundesumweltministerium erarbeitete einen ersten Erfahrungsbericht, auf dessen Grundlage es zu einer Neufassung des EEG2000 kam. Die Änderungen im EEG2004 kamen hauptsächlich aufgrund des Drucks der großen Industrieverbände, der Energiewirtschaft und des Bundeswirtschaftsministeriums zustande.[69] Die Industrieverbände sahen die Wertbewerbsfähigkeit der metallverarbeitende Industrie und der Aluminiumindustrie wegen zu hoher Strompreise gefährdet und forderten eine großzügigere Ausnahmeregelung.[70] Die Energiewirtschaft wollte ihre Interessen schützen und das Bundeswirtschaftsministerium wollte die weitreichenden Zielsetzungen bzgl. der Ausbauziele für erneuerbare Energien abschwächen.[71] Aufgrund der parteiübergreifenden Unterstützung im Bundestag konnte das Bundesumweltministerium jedoch trotz erheblicher Widerstände die eigenen Vorstellungen größtenteils verwirklichen. Lediglich eine ausgebaute Ausnahmeregelung für mehrere stromintensive Unternehmen als auch Bahnen mussten der Industrie zugestanden werden. Man geht davon aus dass diese sogenannte Härtefallregelung an die Zusage zur Schaffung einer Regulierungsbehörde im Energiemarkt gekoppelt war. Diese wurde 2005 dann auch geschaffen und trug zum weiteren Erfolg des EEG bei.[72] Nach einem Regierungswechsel im Jahr 2005(CDU/SPD) wurde am 06.06.2008 das EEG2009 verabschiedet. Die Novellierung des EEG stand in engen Zusammenhang mit dem vom Bundeswirtschafts- und Bundesumweltministerium ausgearbeiteten Maßnahmenpaket „Integrierte Energie- und Klimaprogramm".[73] Mit dem IEKP wurden weitere flankierende Maßnahmen zur Verminderung der CO_2 – Emissionen beschlossen die neben der Stromerzeugung erstmals auch den Mobilitätssektor, die Wärmeerzeugung und die Energieeffizienz mit einbezogen.[74] Das erreichen der Klimaziele wurde damit erstmals zu einer ressortübergreifenden Aufgabe und rückte damit wie nie zuvor in den politischen Mittelpunkt.[75] Die Verabschiedung des EEG2009 ging relativ reibungslos vonstatten, die wesentlichen Änderungen betrafen die verstärkte Förderung von Offshore – Windanlagen und der Geothermie

---

[69] Vgl. ebd.

[70] Vgl. ebd.

[71] Vgl. ebd.

[72] Vgl. Bruns, E.; Olhorst, D.; Wenzel, B.; Köppel, J. (2009), S.104

[73] Vgl. Bruns, E.; Olhorst, D.; Wenzel, B.; Köppel, J. (2009), S.105

[74] Vgl. ebd.

[75] Vgl. ebd.

weil hier der Ausbau noch hinter den Erwartungen blieb.[76] Deutlich gekürzt hingegen wurden die Förderungen für die solare Stromerzeugung die Aufgrund der Ausbau- und Innovationsdynamik die Erwartungen übertroffen hatte.[77] Die Kürzung lässt sich auch als Zugeständnis für die Energieversorger deuten, die aufgrund der weiten Verbreitung der Photovoltaik im privaten Sektor ihre Absatzmärkte gefährdet sahen. Im weiteren Verlauf wurde auch über einen EEG – Ausgleichsmechanismus diskutiert der die Kosten für Netzbetreiber, Vertriebe und Verbraucher senken sollte indem der EE – Strom direkt an der Strombörse vermarktet werden sollte. Diese Verordnung trat dann schließlich auch am 01.01.2010 in Kraft und sollte weitreichende Folgen haben.[78]

Die hier beschriebene Entwicklung des EEG endet im Jahr 2010, im Jahr 2012 wurde das EEG abermals erneuert. Für das Jahr 2014 ist eine weitere Novellierung geplant die bereits im ersten Kapitel beschrieben wurde. Aufgrund der umfangreichen Entwicklungen stellen die hier beschriebenen Einflüsse die wichtigsten aus Sicht des Autors da und erheben keinen Anspruch auf Vollständigkeit.

4 Ausblick

In diesem Kapitel wird der aktuelle Fortschritt der Energiewende wiedergegeben sowie Vorschläge zur Realisierung der Ziele angeschnitten.

4.1 Aktueller Stand

Die hier aufgeführten IST - Daten basieren auf dem Stand von 2012 aufgrund fehlender aktueller Informationen aus allen Bereichen zum Zeitpunkt der Bearbeitung.

---

[76] Vgl. ebd.

[77] Vgl. ebd.

[78] Vgl. ebd.

Tabelle 3.1: Status quo und quantitative Ziele der Energiewende

Kategorie	2011	2012	2020	2030	2050	
					2040	2050
Treibhausgasemissionen						
Treibhausgasemissionen (gegenüber 1990)	-25,6 %	-24,7 %	mindestens -40 %	mindestens -55 %	mindestens -70 %	mindestens -80 % bis -95 %
Erneuerbare Energien						
Anteil am Bruttostromverbrauch	20,4 %	23,6 %	mindestens 35 %	mindestens 50 % (2025: 40 bis 45 %)	mindestens 65 % (2035: 55 bis 60 %)	mindestens 80 %
Anteil am Bruttoendenergie-verbrauch	11,5 %	12,4 %	18 %	30 %	45 %	60 %
Effizienz						
Primärenergieverbrauch (gegenüber 2008)	-5,4 %	-4,3 %	-20 %		-50 %	
Bruttostromverbrauch (gegenüber 2008)	-1,8 %	-1,9 %	-10 %		-25 %	
Anteil der Stromerzeugung aus Kraft-Wärme-Kopplung	17,0 %	17,3 %	25 %			
Endenergieproduktivität	1,7 % pro Jahr (2008–2011)	1,1 % pro Jahr (2008–2012)	2,1 % pro Jahr (2008–2050)			
Gebäudebestand						
Primärenergiebedarf	-	-	-		in der Größenordnung von -80 %	
Wärmebedarf	-	-	-20 %		-	
Sanierungsrate	rund 1 %	rund 1 %		Verdopplung auf 2 % pro Jahr		
Verkehrsbereich						
Endenergieverbrauch (gegenüber 2005)	-0,7 %	-0,6 %	-10 %		-40 %	
Anzahl Elektrofahrzeuge	6.547	10.078	1 Million	6 Millionen	-	

Abbildung 6: Quelle: Entnommen aus: Zweiter Monitoring – Bericht „Energie der Zukunft", Status quo und quantitative Ziele der Energiewende

Die Energiewende kommt voran, das belegen die Zahlen eindeutig. So waren die die erneuerbaren Energien der zweitgrößte Stromerzeuger in Deutschland hinter den Kohlekraftwerken. Die Treibhausgase konnten gegenüber 1990 um knapp 25% vermindert werden und der Primärenergieverbrauch gesenkt werden. Allerdings zeigen die Zahlen auch dass im Bereich der Energieeffizienz, vor allem im Gebäude- und Verkehrssektor noch erheblicher Optimierungsbedarf besteht. Kritisch ist auch das aktuell die Kohlekraftwerke die größten Energieerzeuger im deutschen Strommarkt sind, was auf günstige Rohstoffpreise und die Abschaltung von Atomkraftwerken zurückzuführen ist. Der CO_2 – Ausstoß von Kohlekraftwerken beeinflusst maßgeblich die Erfüllung der Reduktionsziele bei den Treibhausemissionen. Auch die Importabhängigkeit und damit die unabhängige Energieerzeugung hat sich noch nicht verbessert wie nachfolgende Grafik zeigt.

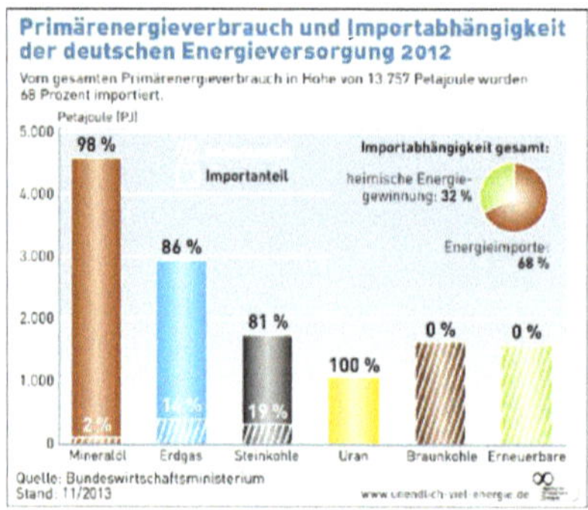

Abbildung 7: Quelle: Entnommen aus: www.unendlich-viel-energie.de, Strom Primärenergieverbrauch und Importabhängigkeit der deutschen Energieversorgung 2012; Abruf am 30.05.2014

Besonders kritisch ist dies in Bezug auf die aktuellen Entwicklungen in der Ukraine zu sehen, da Russland einer der größten Importeure für Rohöl und Gas in Deutschland ist. Im dritten Kapitel wurden bereits die positiven Auswirkungen auf den Arbeitsmarkt dargestellt, im Jahr 2012 waren so knapp 380.000 Arbeitnehmer in der erneuerbaren Energie Branche beschäftigt. Auch die gestiegenen Investitionen in erneuerbaren Energien wurden in Kapitel 3 dargestellt, diese betrugen 2012 knapp 19,5 Mrd. €. Auch die Innovationskraft der deutschen Unternehmen im Energiebereich ist gestiegen wie man anhand der Patentanmeldungen sowie den degressiven Kostenverläufen der Photovoltaik sehen kann.

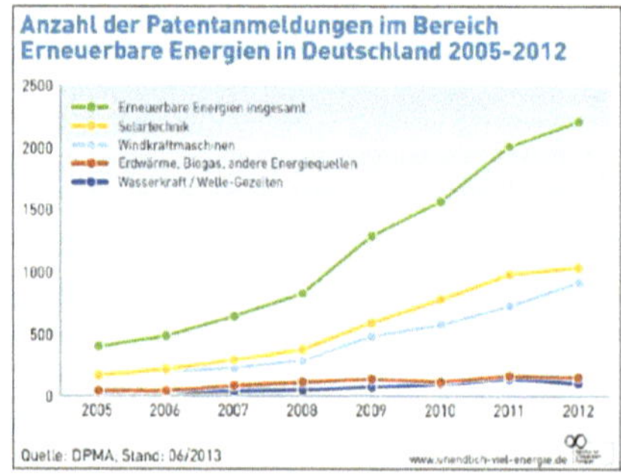

Abbildung 8: Quelle: Entnommen aus: www.unendlich-viel-energie.de, Anzahl der Patentanmeldungen im Bereich erneuerbare Energien in Deutschland 2005-2012; Abruf am 30.05.2014

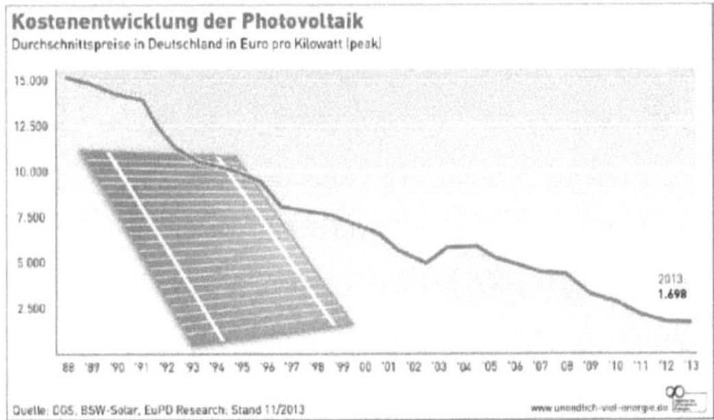

Abbildung 9: Quelle: Entnommen aus: www.unendlich-viel-energie.de, Kostenentwicklung der Photovoltaik; Abruf am 30.05.2014

Neben noch weiteren positiven Effekten wie z. B. gestiegen Exportchancen, gesunkenen Industriestrompreisen kann man überwiegend von einem bisherigen Erfolg der Energiewende sprechen, jedoch müssen noch einige Hürden genommen werden um letztlich die gesetzten Ziele zu erreichen.

4.2 Notwendige Maßnahmen

Aufgrund der gestiegenen Stromproduktion aus Kohlekraftwerken ist eine Umstrukturierung notwendig. Kohlekraftwerke werden zurzeit bevorzugt zur Lastdeckung verwendet. Aufgrund der günstigeren Grenzkosten gegenüber Gaskraftwerken oder Steinkohlekraftwerken. Neben den erhöhten CO_2 – Emissionen verhindert dies den Neubau von hocheffizienten flexiblen Gaskraftwerken aufgrund der fehlenden Auslastung und der damit einhergehenden geringen Rentabilität. Auch die flächendeckende Einführung von CO_2 – Speicherung wirkt den Gaskraftwerken entgegen da einerseits ein Anreiz zum weiteren Betrieb von Kohlekraftwerken geschaffen wird und andererseits die Speicherkapazitäten im Boden für Gas- und Wärmespeicher benötigt werden. Jedoch ist die CO_2 – Speicherung auch ein durchaus nützliches Instrument. Man müsste diese nur effizient einsetzen z.B. im Zusammenhang mit der aussichtsreichen Power – to – Gas Technologie. Bei der Power – to – Gas Technologie wird aus überschüssigem Strom mittels chemischer Prozesse Wasserstoff gewonnen. Dieser kann dann gespeichert werden und bei Bedarf in das Gasnetz eingespeist werden. Aufgrund der begrenzten Mengenanteile von Wasserstoff in den Gasnetzen wegen Sicherheitsbedenken, besteht auch die Möglichkeit den erzeugten Wasserstoff mittels CO_2 – Zuführung in Methangas umzuwandeln das wiederum unbegrenzt in die Gasnetze eingespeist werden kann. Auch die Verwendung in Autos als Treibstoff wäre denkbar. Zusätzlich müssten natürlich auch die Stromnetze intelligenter werden, damit das Stromangebot besser verteilt werden kann. Auch ein Ausbau der Stromnetze ist ein wichtiger Punkt, allerdings könnte man erhebliche Kosten einsparen wenn der Strommarkt weiter dezentralisiert wird. So wäre z.B. ein Netzausbau in Richtung Norwegen sinnvoll. Norwegen verfügt über enorme Pumpspeicherkraftwerke deren Kapazität bei weiten noch nicht ausgelastet ist. So könnten Stromüberschüsse aus erneuerbaren Energien ebenfalls gespeichert werden. Ein weiterer nötiger Schritt wäre die Energieeffizienz zu steigern. Dies könnte z.B. über eine flächendeckende Einführung von Smart – Metering – Systemen im privaten Bereich geschehen. Den wenn der Verbraucher genau weiß welche Systeme viel Energie verbrauchen wirkt sich dies positiv auf den Stromverbrauch aus bzw. schafft ein besseres Bewusstsein Strom einzusparen. Auch im Zusammenhang mit den intelligenten Stromnetzen wäre dies ein weiterer Vorteil. Doch allein das wird nicht ausreichen. Es müssen verstärkt Fördergelder und Rahmenbedingungen für den Gebäudesektor geschaffen werden. So müssen in Zukunft Energiesparhäuser bei Neubauten zur Pflicht gemacht werden, ermöglicht durch günstige Kredite. Außerdem sollten Heizungsanlagen grundsätzlich nicht mehr durch neuere Ölheizungen ersetzt werden dürfen, denn es gibt bereits diverse andere effizientere Technologien. Beispielsweise Pelletheizungen, Mini – KWK – Anlagen oder die Möglichkeit über sogenannte Eisheizungen. Auch der Verkehrsbereich muss durch Innovationsförderungen belebt werden. So sollten Elektroautos über Zuschüsse des Staats für Verbraucher attraktiver gemacht werden. Auch ein weiterer Ausbau des Carsharing – Angebots sowie ein energiefreundlicher Umbau und Ausbau des Nahverkehrsystems sollte überdacht werden. Zusätzlich positiv würde sich auch ein gestärkter lokaler Verbrauch von Nahrungsmittel auswirken. City – Growing – Projekte sollten vorangetrieben werden um den Transportverkehr zu entlasten.

Literaturverzeichnis

Bruns, E.; Olhorst, D.; Wenzel, B.; Köppel, J. (2009): Erneuerbare Energien in Deutschland – eine Biographie des Innovationsgeschehens, Berlin 2009

Internetquellen

Bundesministerium für Wirtschaft und Energie (2014): Energiewende, URL: http://www.bmwi.de/DE/Themen/Energie/Energiewende/energiewende-zum-erfolg-fuehren.html; abgerufen am 29.05.2014

Bundesministerium für Wirtschaft und Energie (2014): Energiekonzept, URL: http://www.bmwi.de/BMWi/Redaktion/PDF/E/eckpunkte-energieeffizienz,property=pdf,bereich=bmwi2012,sprache=de,rwb=true.pdf; abgerufen am 29.05.2014

Bundesministerium für Wirtschaft und Energie (2014): Erneuerbare Energien, URL: http://www.bmwi.de/BMWi/Redaktion/PDF/Gesetz/entwurf-eines-gesetzes-zur-grundlegenden-reform-des-erneuerbare-energien-gesetzes-und-zur-aenderung-weiterer-bestimmungen-des-energiewirtschaftsrechts,property=pdf,bereich=bmwi2012,sprache=de,rwb=true.pdf ; abgerufen am 29.05.2014

Fraunhofer-Institut für Solare Energiesysteme ISE (2013): Stromgestehungskosten Erneuerbare Energien, URL: http://www.ise.fraunhofer.de/de/veroeffentlichungen/veroeffentlichungen-pdf-dateien/studien-und-konzeptpapiere/studie-stromgestehungskosten-erneuerbare-energien.pdf

Udo Leuschner (2014): Das EEG – eine Erfolgsgeschichte mit Hindernissen, URL: http://www.udo-leuschner.de/energie-chronik/hframe.htm; abgerufen am 29.05.2014